50 Easy 6x6 Sudoku Puzzle

For All Ages

This Book Belongs To...

How to play

This Sudoku is a simple version of the puzzle anyone can play.

The objective is to fill each grid with digits 1 to 6 only once in each row, each column and each box.

Each 6 vertical squares, horizontal squares and the square box must also contain the numbers 1 to 6 without repetition or omission.

Puzzles

Sudoku #1

2	6	3			5
1	5			2	
		5	2		4
3		2		1	6
			3	5	1
5	3		4		

Sudoku #2

		6	1	5	2
	2	1			3
1		4		2	
	6		4	3	
6	5			1	4
4			2		5

Sudoku #3

	6	1	2	3	
3			5		1
	2	3		5	
6			3	1	
2	1	5			3
	3		1		5

Sudoku #4

	5			1	6
1	6		5		
		6	4	2	1
2		1		5	
6	2			4	5
4		5	3		

Sudoku #5

	1	5			4
	4		6	1	
1	2		5	6	
3		6	1		
5	6		4		1
		1		5	6

Sudoku #6

	4	3		5	6
	2		1	3	
3	5	2		4	
4			5		3
6	3		4		
		4		6	5

Sudoku #7

3	1	5		6	
4	2	6			
			5	2	6
	5		1		3
2	3	4			5
		1	2	3	

Sudoku #8

4	6				1
	2			4	6
		4	1	6	2
6	1		3		
2		6		1	
		1	6	2	3

Sudoku #9

3		5	4	2	
2	4		6		
	5	2		6	
6	1				4
		4		1	6
	3	6	5		2

Sudoku #10

2	6	4			
1		3	4		2
6				4	5
	4	2		1	
			5	2	4
	2		1	3	6

Sudoku #11

	2	3		6	
1			4	2	
	1	2			5
5	3		2		6
	4	1	6	5	
2			1		4

Sudoku #12

1	3	2			4
5	6			1	
3			1	2	6
2		6	4		
	2		5		3
		3		4	1

Sudoku #13

	5	6	2		
	1	2	6		5
5		1		6	2
6	2			1	
		5	4	2	
2	3				6

Sudoku #14

1	4			5	
	3	5		1	6
4			5		1
5		1	3		
	1		6		5
	5	2		3	4

Sudoku #15

		4	2		1
2	1	5			6
1		2	4		
	5		1	3	
	4		5	2	3
5	2			1	

Sudoku #16

		1	4		5
4	2			3	1
1		2		5	
3	5	6	2		
		3		4	2
2	1		5		

Sudoku #17

		1		3	5
	3		6	2	
3	1			4	
	5	6	2	1	
2		3	1		4
1		5			2

Sudoku #18

2	5			6	4
4		6	5		
	4			2	5
1	2		4		
		2		4	3
3		4	2	5	

Sudoku #19

3		4		1	
			5	4	3
5	3		4		
2	4	1			
6			1	5	4
	1	5		6	2

Sudoku #20

		4	5		6
5	6			4	
2	3		1	6	
4			3		5
6		2	4	1	
	4	1			2

Sudoku #21

5		1	2		
	2		5		3
4	5	3			
1	6			3	
2		5		4	6
		6	1	5	2

Sudoku #22

4	6		3		
	2	3		5	
5		6	4		2
			5	3	6
6	5	2			
3	1			6	5

Sudoku #23

3			5		4
5	4		1	3	
4	3	5		1	
	6	1		5	
6			3		1
		3		4	5

Sudoku #24

4		6			2
		1		4	6
3		5	2		4
	4		5	6	
2	5	4		3	
	1		4	2	

Sudoku #25

	1	5		6	
			4	5	1
	4		5	1	6
5	6	1			
1		2	6		4
6				2	5

Sudoku #26

2			3	4	6
	3	6		5	1
6		5		1	
			6	2	5
1	4		5		
5	6	2			

Sudoku #27

2	3			6	
6	4			2	5
		3	6	1	
1			2	5	
		6	5		2
4	5	2			6

Sudoku #28

6	3				4
5		4		2	6
	6		2	4	
4	2	1		3	
1		3	4		
		6	1		3

Sudoku #29

	2		4		1
1	4			6	
		2	1	4	
4	6	1		3	
	3	4	6		5
5				2	4

Sudoku #30

			1	4	6
	6	4	3		
4			5	3	
3	5			1	4
		1	2	5	3
2	3	5			

Sudoku #31

	5			4	2
2	6			1	5
4		6	5		
	1	2		6	
6	2		1		4
		5	2	3	

Sudoku #32

		5	3	1	
	3	1			4
5		4		3	6
3	1		4		5
1			5	6	
	5			4	1

Sudoku #33

5	2			3	6
6		1	5		
	4			5	2
2	5		4		
		2	6	4	5
	6	5		1	

Sudoku #34

3			2	1	6
1	6	2		3	
5		6	4		
2				5	3
	2	3	1		
	1		3		2

Sudoku #35

	3	2		5	
1			6	3	2
	5		2		1
2	6	1			5
5			4	2	
4		6			3

Sudoku #36

	1	5	4		
2	3				5
5			2		1
1		2		5	
		1	5	3	6
3	5		1	4	

Sudoku #37

	5	3	4		
2	4	6		5	
	6	1	5		2
3				1	4
	1		3		5
5				6	1

Sudoku #38

		2	3	1	4
4	1		2		
3	2				1
6		1		2	3
	5	6		3	
		4	1		6

Sudoku #39

			5	3	2
2		5	4		6
	2	1	3		
	5			4	1
5	1	4			
3	6	2		5	

Sudoku #40

	1	3	5		
6				1	4
		5	2	3	
	3			5	1
5	6	4			3
3			6	4	5

Sudoku #41

	6	2		4	
5		1	3		
6			2	1	3
2		3	6	5	
	3			2	1
	2		4		6

Sudoku #42

1	2		5		
		5	2		1
	4			5	6
5	6	1	4		
3		2		1	
		6	3	2	5

Sudoku #43

	2		5	4	3
4		3		1	2
		5	2		1
2			3	5	
	3	4	1		
5	1			3	

Sudoku #44

2		6	1		
1	4			6	5
		5	3	1	6
3		1			2
	3	4			1
	1		5	3	

Sudoku #45

	6			2	1
1		2	6		
			5	3	2
5	2			1	6
		1	2	6	4
2	4	6			

Sudoku #46

3			1	6	5
	1	5			4
2			5	3	
5		1			2
	2	6	4	5	
	5		2		6

Sudoku #47

	5	4	2		
	2			5	4
1			4	2	3
		2		6	5
5	1		6		
2		6	5	3	

Sudoku #48

6	2		3		5
		5		1	6
1		4			2
	3	2		6	
4	5		1	2	
2		3	6		

Sudoku #49

		3		5	6
5		6			4
	5	2		4	
4	6		3	2	
2		4	5		
6	3		4		2

Sudoku #50

	3	2		5	
5			3	6	2
	6		4		3
3	2	4			5
	5		2	3	
2		3			6

Solutions

Solution #1

2	6	3	1	4	5
1	5	4	6	2	3
6	1	5	2	3	4
3	4	2	5	1	6
4	2	6	3	5	1
5	3	1	4	6	2

Solution #2

3	4	6	1	5	2
5	2	1	6	4	3
1	3	4	5	2	6
2	6	5	4	3	1
6	5	2	3	1	4
4	1	3	2	6	5

Solution #3

5	6	1	2	3	4
3	4	2	5	6	1
1	2	3	4	5	6
6	5	4	3	1	2
2	1	5	6	4	3
4	3	6	1	2	5

Solution #4

3	5	4	2	1	6
1	6	2	5	3	4
5	3	6	4	2	1
2	4	1	6	5	3
6	2	3	1	4	5
4	1	5	3	6	2

Solution #5

6	1	5	3	2	4
2	4	3	6	1	5
1	2	4	5	6	3
3	5	6	1	4	2
5	6	2	4	3	1
4	3	1	2	5	6

Solution #6

1	4	3	2	5	6
5	2	6	1	3	4
3	5	2	6	4	1
4	6	1	5	2	3
6	3	5	4	1	2
2	1	4	3	6	5

Solution #7

3	1	5	4	6	2
4	2	6	3	5	1
1	4	3	5	2	6
6	5	2	1	4	3
2	3	4	6	1	5
5	6	1	2	3	4

Solution #8

4	6	5	2	3	1
1	2	3	5	4	6
3	5	4	1	6	2
6	1	2	3	5	4
2	3	6	4	1	5
5	4	1	6	2	3

Solution #9

3	6	5	4	2	1
2	4	1	6	3	5
4	5	2	1	6	3
6	1	3	2	5	4
5	2	4	3	1	6
1	3	6	5	4	2

Solution #10

2	6	4	3	5	1
1	5	3	4	6	2
6	3	1	2	4	5
5	4	2	6	1	3
3	1	6	5	2	4
4	2	5	1	3	6

Solution #11

4	2	3	5	6	1
1	5	6	4	2	3
6	1	2	3	4	5
5	3	4	2	1	6
3	4	1	6	5	2
2	6	5	1	3	4

Solution #12

1	3	2	6	5	4
5	6	4	3	1	2
3	4	5	1	2	6
2	1	6	4	3	5
4	2	1	5	6	3
6	5	3	2	4	1

Solution #13

3	5	6	2	4	1
4	1	2	6	3	5
5	4	1	3	6	2
6	2	3	5	1	4
1	6	5	4	2	3
2	3	4	1	5	6

Solution #14

1	4	6	2	5	3
2	3	5	4	1	6
4	2	3	5	6	1
5	6	1	3	4	2
3	1	4	6	2	5
6	5	2	1	3	4

Solution #15

3	6	4	2	5	1
2	1	5	3	4	6
1	3	2	4	6	5
4	5	6	1	3	2
6	4	1	5	2	3
5	2	3	6	1	4

Solution #16

6	3	1	4	2	5
4	2	5	6	3	1
1	4	2	3	5	6
3	5	6	2	1	4
5	6	3	1	4	2
2	1	4	5	6	3

Solution #17

6	2	1	4	3	5
5	3	4	6	2	1
3	1	2	5	4	6
4	5	6	2	1	3
2	6	3	1	5	4
1	4	5	3	6	2

Solution #18

2	5	1	3	6	4
4	3	6	5	1	2
6	4	3	1	2	5
1	2	5	4	3	6
5	1	2	6	4	3
3	6	4	2	5	1

Solution #19

3	5	4	2	1	6
1	6	2	5	4	3
5	3	6	4	2	1
2	4	1	6	3	5
6	2	3	1	5	4
4	1	5	3	6	2

Solution #20

1	2	4	5	3	6
5	6	3	2	4	1
2	3	5	1	6	4
4	1	6	3	2	5
6	5	2	4	1	3
3	4	1	6	5	2

Solution #21

5	3	1	2	6	4
6	2	4	5	1	3
4	5	3	6	2	1
1	6	2	4	3	5
2	1	5	3	4	6
3	4	6	1	5	2

Solution #22

4	6	5	3	2	1
1	2	3	6	5	4
5	3	6	4	1	2
2	4	1	5	3	6
6	5	2	1	4	3
3	1	4	2	6	5

Solution #23

3	1	2	5	6	4
5	4	6	1	3	2
4	3	5	2	1	6
2	6	1	4	5	3
6	5	4	3	2	1
1	2	3	6	4	5

Solution #24

4	3	6	1	5	2
5	2	1	3	4	6
3	6	5	2	1	4
1	4	2	5	6	3
2	5	4	6	3	1
6	1	3	4	2	5

Solution #25

4	1	5	3	6	2
3	2	6	4	5	1
2	4	3	5	1	6
5	6	1	2	4	3
1	5	2	6	3	4
6	3	4	1	2	5

Solution #26

2	5	1	3	4	6
4	3	6	2	5	1
6	2	5	4	1	3
3	1	4	6	2	5
1	4	3	5	6	2
5	6	2	1	3	4

Solution #27

2	3	5	4	6	1
6	4	1	3	2	5
5	2	3	6	1	4
1	6	4	2	5	3
3	1	6	5	4	2
4	5	2	1	3	6

Solution #28

6	3	2	5	1	4
5	1	4	3	2	6
3	6	5	2	4	1
4	2	1	6	3	5
1	5	3	4	6	2
2	4	6	1	5	3

Solution #29

6	2	3	4	5	1
1	4	5	2	6	3
3	5	2	1	4	6
4	6	1	5	3	2
2	3	4	6	1	5
5	1	6	3	2	4

Solution #30

5	2	3	1	4	6
1	6	4	3	2	5
4	1	6	5	3	2
3	5	2	6	1	4
6	4	1	2	5	3
2	3	5	4	6	1

Solution #31

3	5	1	6	4	2
2	6	4	3	1	5
4	3	6	5	2	1
5	1	2	4	6	3
6	2	3	1	5	4
1	4	5	2	3	6

Solution #32

4	6	5	3	1	2
2	3	1	6	5	4
5	2	4	1	3	6
3	1	6	4	2	5
1	4	2	5	6	3
6	5	3	2	4	1

Solution #33

5	2	4	1	3	6
6	3	1	5	2	4
1	4	6	3	5	2
2	5	3	4	6	1
3	1	2	6	4	5
4	6	5	2	1	3

Solution #34

3	5	4	2	1	6
1	6	2	5	3	4
5	3	6	4	2	1
2	4	1	6	5	3
6	2	3	1	4	5
4	1	5	3	6	2

Solution #35

6	3	2	1	5	4
1	4	5	6	3	2
3	5	4	2	6	1
2	6	1	3	4	5
5	1	3	4	2	6
4	2	6	5	1	3

Solution #36

6	1	5	4	2	3
2	3	4	6	1	5
5	4	3	2	6	1
1	6	2	3	5	4
4	2	1	5	3	6
3	5	6	1	4	2

Solution #37

1	5	3	4	2	6
2	4	6	1	5	3
4	6	1	5	3	2
3	2	5	6	1	4
6	1	2	3	4	5
5	3	4	2	6	1

Solution #38

5	6	2	3	1	4
4	1	3	2	6	5
3	2	5	6	4	1
6	4	1	5	2	3
1	5	6	4	3	2
2	3	4	1	5	6

Solution #39

1	4	6	5	3	2
2	3	5	4	1	6
4	2	1	3	6	5
6	5	3	2	4	1
5	1	4	6	2	3
3	6	2	1	5	4

Solution #40

4	1	3	5	6	2
6	5	2	3	1	4
1	4	5	2	3	6
2	3	6	4	5	1
5	6	4	1	2	3
3	2	1	6	4	5

Solution #41

3	6	2	1	4	5
5	4	1	3	6	2
6	5	4	2	1	3
2	1	3	6	5	4
4	3	6	5	2	1
1	2	5	4	3	6

Solution #42

1	2	4	5	6	3
6	3	5	2	4	1
2	4	3	1	5	6
5	6	1	4	3	2
3	5	2	6	1	4
4	1	6	3	2	5

Solution #43

1	2	6	5	4	3
4	5	3	6	1	2
3	4	5	2	6	1
2	6	1	3	5	4
6	3	4	1	2	5
5	1	2	4	3	6

Solution #44

2	5	6	1	4	3
1	4	3	2	6	5
4	2	5	3	1	6
3	6	1	4	5	2
5	3	4	6	2	1
6	1	2	5	3	4

Solution #45

4	6	5	3	2	1
1	3	2	6	4	5
6	1	4	5	3	2
5	2	3	4	1	6
3	5	1	2	6	4
2	4	6	1	5	3

Solution #46

3	4	2	1	6	5
6	1	5	3	2	4
2	6	4	5	3	1
5	3	1	6	4	2
1	2	6	4	5	3
4	5	3	2	1	6

Solution #47

3	5	4	2	1	6
6	2	1	3	5	4
1	6	5	4	2	3
4	3	2	1	6	5
5	1	3	6	4	2
2	4	6	5	3	1

Solution #48

6	2	1	3	4	5
3	4	5	2	1	6
1	6	4	5	3	2
5	3	2	4	6	1
4	5	6	1	2	3
2	1	3	6	5	4

Solution #49

1	4	3	2	5	6
5	2	6	1	3	4
3	5	2	6	4	1
4	6	1	3	2	5
2	1	4	5	6	3
6	3	5	4	1	2

Solution #50

6	3	2	1	5	4
5	4	1	3	6	2
1	6	5	4	2	3
3	2	4	6	1	5
4	5	6	2	3	1
2	1	3	5	4	6